树说云南

云南裸子植物古树名木

邓莉兰 李双智 区智 周庆宏 ◎ 主编

中国林业出版社

图书在版编目（CIP）数据

树说云南：云南裸子植物古树名木 / 邓莉兰等主编. —北京：中国林业出版社, 2022.9
ISBN 978-7-5219-1644-7

Ⅰ.①树… Ⅱ.①邓… Ⅲ.①树木—介绍—云南Ⅳ.①S717.274

中国版本图书馆CIP数据核字（2022）第061522号

出版发行　中国林业出版社（100009 北京市西城区刘海胡同7号）
印　　刷　河北京平诚乾印刷有限公司
版　　次　2022年9月第1版
印　　次　2022年9月第1次
开　　本　787mm×1092mm 1/16
字　　数　321千字
印　　张　15.5
定　　价　128.00元

《树说云南——云南裸子植物古树名木》

编 写 组

主　　编：邓莉兰　李双智　区　智　周庆宏

副主编：杨自云　王红兵　树雪花

参　　编：王雅琪　周罗婷　高　鸿　杨金波　和　静　许丽萍

　　　　　陈小涛　李嘉欣　阎德瑞　莫国镇　张国栋　武中华

　　　　　何剑昀　李田浩　尼玛此里　汪学云登　杨建强

　　　　　和向东　和雁楠

古树是历经自然选择、优胜劣汰保存下来的精华。按照我国标准，古树指树龄在 100 年以上的树木，并按树龄分为一级（树龄 500 年以上）、二级（树龄 300~499 年）和三级（树龄 100~299 年）古树。从生态学的价值看，古树的生长过程与其经历的自然条件，特别是气候条件的变化有极其密切的关系，记录着某片区域生态环境及自然植被发生、发展和演替的奥秘。从社会学的价值看，古树又承载着某个地区的风土民情和民间文化，或某个民族的历史文化与人文精神，是活的文物。

21 世纪以来，人类越来越重视生态文明的重塑与建设，"人与自然和谐共存"已成为社会经济发展的主旋律。历史地看，生态兴则文明兴，生态衰则文明衰。古树作为有生命的绿色文化遗产，具有弘扬文明、传承文化、审美启智、科学研究等系列综合功能，是人与自然和谐共存的最佳佐证。

云南省独特的气候与地理环境，使其成为动植物的王国。在这片生物多样性丰富的土地上，分布有裸子植物 10 科 32 属 106 种（含变种、品种），是中国裸子植物最丰富的省份。有的早已为人熟知，如昆明黑龙潭公园的宋柏 Cupressus funebris，西山太华寺景区的银杏 Ginkgo biloba，武定狮山的柳杉 Cryptomeria fortune 等。还有更多的千百年古松、古杉、古柏……静静地生长在城镇、山村之中。这些裸子植物古树，是历史的见证，可借以普及历史知识；是文人咏诗作画的题材，可为文化艺术增光添彩；是名胜古迹的佳景，能给人以美的享受；是研究古水文、古地理、古植被变迁的重要资料；更是山村水廓的一道道风景，城市最为亮眼的"绿色名片"。

编者利用多年的科研与教学机会，走访了云南省各个州市，记录调查到裸子植物古树名木 13229 株（其中古树 13147 株，名木 82 株），分属于 8 科 24 属 46 种、5 变种、3 栽培品种；以云南特有树种云南油杉 Keteleeria evelyniana 和干香柏 Cupressus duclouxiana 及广布树种银杏 Ginkgo biloba 和侧柏 Platycladus orientalis 居多。云南独特的地理环境与气候导致了各州市古树种类的不同，如滇西北的迪庆、丽江等高海拔地区分布着云南榧树 Torreya yunnanensis、云南黄果冷杉 Abie ernestii var. salouenensis、丽江云杉 Picea likiangensis 等；滇中的楚雄、昆明、玉溪等地则分布着云南油杉、云南松 Pinus yunnanensis 等；

滇东南则分布着篦齿三尖杉 *Cephalotaxus oliveri*、水松 *Glyptostrobus pensilis*；滇西南则分布着鸡毛松 *Dacrycarpus imbricatus* var. *patulus*、篦齿苏铁 *Cycas pectinata* 等，体现出特有的地域性而形成独特的景观。同时，由于独特的生境，使得五针白皮松 *Pinus squamata*、蓑衣油杉 *Keteleeria evelyniana* var. *pendula*、旱地油杉 *Keteleeria xerophila*、大理罗汉松 *Podocarpus forrestii* 等云南特有种类在这片土地上生存百年以上，体现出云南裸子植物的珍稀性。

云南为多民族地区，各民族对树崇拜而带有信仰色彩，在丽江纳西族的文化中，松、柏类是长寿、富贵、健康的象征，枝条多用以祭天、祭祖，故万古楼、木府、束河三圣宫等名胜区有上百年的松、柏类古树群得以保存至今。藏传佛教的寺庙中，多以柳杉、侧柏相伴，昆明的妙高寺、武定狮山以柳杉著称，而建水文庙、会泽文庙等则有许多古侧柏。

古树强大的生命力、繁殖力和绵长寿命在村寨中享有超然的地位，在云南村庄周围的古树多以两种形式出现：一种是以"神树""龙树""祖先树"的形式被村民自发地保护和拜祭，如富宁的矩鳞油杉 *Keteleeria oblonga*、香格里拉市三坝乡哈巴村的丽江铁杉 *Tsuga forrestii*。另一种是与朴素的少数民族生态文化结合，树种更被写入村规民约加以保护，多为村周围的风水林古树群，主要功能是保持水土、保护水源等，如昆明市禄劝至租村的黄杉 *Pseudotsuga sinensis* 古树生长于该村的水源区，禄劝是缺水干旱地，而至租村因有郁郁葱葱的黄杉林，变成了不缺水的村庄，为"树养水、水养树"的典范；也有在河道两侧栽植的护岸树，如昆明金汁河两岸的干香柏、玉溪市玉带路黄官村旁的侧柏群等。

云南 13147 株裸子植物古树中，国家一级保护古树有 218 株，占总数的 1.66%；二级保护古树 764 株，占总数的 5.81%；三级保护古树 12165 株，占总数的 92.53%。年龄最大的古树为嵩明县黄龙山的柏木 *Cupressus funebris*，植于五代后晋。从以上数据可以看出，云南省裸子植物古树以国家三级保护古树即树龄在 100~299 年的为主，呈年轻化态势且树龄结构为金字塔形，说明云南裸子植物古树呈稳定增长趋势，具有良好生长潜力。调查中也发现，一些有记载的古树现在没了，如高山松、罗汉松等。保护古树，任重道远。

"闻道三株树，峥嵘古至今"。随着云南省社会经济的不断发展，全省正牢固树立和践行"绿水青山就是金山银山"的理念，不断推动经济社会发展全面绿色转型。为助力推动绿色发展理念深入人心，提高全社会生态保护意识，为生态文明建设营造良好氛围，时至今日，有许多古树名木有了"电子身份证"，扫描树干上的名木古树二维码，就能详细了解古树名称、树龄、特色、保护责任人等信息。

　　为了让更多的人认识古树、热爱古树和保护古树，我们将这些裸子植物古树的雄姿和神韵编撰成册。当我们面对这一棵棵历经沧桑的古树，去观赏领略它们的风采时，去抚摸回味历史的脉搏时，去拥抱感受文化的精彩时，还要给它更多的爱护。为古树守护，为生态担当，这才是人与自然的和谐相处之道。

　　由于编者的时间和水平有限，调查过程中必然会存在遗漏的裸子植物古树，文中也难免会有错误与不足之处，敬请读者批评指正。

本书编写组

2022 年 2 月

目录

云南油杉

Keteleeria evelyniana Mast

俗名： 杉松、云南杉松、黑沙松

科属： 松科 油杉属

识别特征： 常绿乔木；一年生枝通常有毛，二三年生枝无毛，枝皮裂成薄片。叶条形，在侧枝上排列成两列，长 2~6.5cm，宽 2~3（3.5）mm，中脉在叶面隆起。球果圆柱形，长 9~20cm，径 4~6.5cm；中部的种鳞卵状斜方形或斜方状卵形，长 3~4cm，宽 2.5~3cm，上部向外反曲，边缘有明显的细小缺齿，鳞背露出部分有毛或几无毛；苞鳞先端呈不明显的三裂，不露出；种子连翅几与种鳞等长。

分布： 产于云南、四川、贵州、广西等省份，生于海拔 1100~2300m 地带，喜暖耐干旱，具有强阳性、抗旱、耐瘠薄等特点。

古树资源： 云南油杉古树在云南古树中株数最多，有 5099 株（含名木 1 株），单生古树 58 株，古树群 4 个 5041 株，见云南省云南油杉古树名木分布图。其中，国家一级保护古树 5 株，二级保护古树 15 株，三级保护古树 5078 株，名木 1 株。云南油杉为云南乡土树种，多在风景名胜区成片生长。

　　昆明禄劝彝族苗族自治县（以下简称"禄劝县"）皎西乡杉乐村的云南油杉，
树龄约360年，树高21m，胸径150cm。1935年5月4日，中国工农红军中央
军委纵队奔赴皎平渡，经过禄劝县杉乐村时稍作休息，朱德总司令将战马拴在
这株云南油杉上，此树被人们亲切地称为"朱德拴马树""红军树""将军树"等。

昆明市东川区红土地镇的云南油杉，树高 11m，地径 1.88m，地上 1.1m 处分为两叉，左胸径 101cm，右胸径 110cm，树龄近千年，是目前调查到的云南油杉中最大的一株，被奉为"神树""老龙树"，枝叶繁茂，乃一方水土之"精灵"。

昭通市彝良县洛泽河镇大寨村的云南油杉古树，已有800年树龄，胸径达255cm，被当地村民称为"神树"。

昆明市西山公园树龄300多年的云南油杉。

树说云南

昆明市禄劝县茂山镇至租村，有 10 株树龄 300 余年的云南油杉。

昆明市石林长湖景区树龄约 200 年的云南油杉。

昆明市金殿风景区的云南油杉古树群。

昆明市黑龙潭公园树龄 100 多年的云南油杉。

侧 柏

Platycladus orientalis (L.) Franco

俗名：扁柏、香柯树、香树、扁桧、香柏、黄柏

科属：柏科 侧柏属

识别特征：常绿乔木；枝条向上伸展或斜展；生鳞叶的小枝细，向上直展或斜展，扁平，排成一平面。叶鳞形，长1~3mm，先端微钝，小枝中央的叶的露出部分呈倒卵状菱形或斜方形，背面中间有条状腺槽，两侧的叶船形，先端微内曲，背部有钝脊，尖头的下方有腺点。雄球花黄色，卵圆形，长约2mm；雌球花近球形，径约2mm，蓝绿色，被白粉。球果近卵圆形，长1.5~2.5cm，中间两对种鳞倒卵形或椭圆形，鳞背顶端的下方有一向外弯曲的尖头；种子卵圆形或近椭圆形，长6~8mm。

分布：我国特产，除新疆、青海外，分布几遍全国。

古树资源：侧柏古树在云南古树中株数较多，有2523株（含古树群44个），见云南省侧柏古树分布图。常成片栽植于寺庙、陵墓或庭园中，长势良好。其中，国家一级保护古树25株，二级保护古树144株，三级保护古树2354株。

迪庆藏族自治州（以下简称"迪庆州"）德钦县奔子栏镇玉杰村白仁村村头的山坡上的侧柏树，树龄约 1000 年，地径 328cm，树高 30m，离地面 60cm 处分为三叉，是云南最古老的侧柏，当地藏族村民称此树为"白任学争阿麻""说嘎"等，意为神树中最不可侵犯的母神。

楚雄彝族自治州（以下简称"楚雄州"）武定县狮山的侧柏群。

树说云南

曲靖市会泽县文庙（会泽一中）的侧柏古树群。

玉溪市九龙池公园的侧柏古树群。

红河哈尼族彝族自治州（以下简称"红河州"）建水县文庙的侧柏群，共81株，树高10m，平均胸径25cm，生长状况良好。

昆明市石林景区路旁的侧柏，高 14m，胸径 29cm，树龄 100 余年。

树说云南

大理白族自治州（以下简称"大理州"）文物管理所门前的侧柏古树群。

大理州博物馆 200 多年的侧柏。

大理一中的侧柏；此处有水、有桥、有亭，再加上古树，不胜美也。

昆明市嵩明一中的古侧柏群，平均胸径约 38cm，平均树高约 15m，自然苍劲，雄伟挺拔。

树说云南

丽江市玉龙纳西族自治县（以下简称"玉龙县"）白沙镇白沙壁画景点的侧柏群，长势良好。

丽江兴仁方国瑜小学校园内的侧柏，树体长势良好，部分枝条伸上房屋。

丽江古城万古楼至木府海拔 2456m 山坡的侧柏群，共 67 株，平均树高 12m，胸径 20.7cm，地径 24.2cm，树龄约 100 年。

文山市五子祠树龄 200 多年的侧柏。

玉溪市玉溪一中水晶宫旁树龄约150年的55株古侧柏群，长势旺盛，皆在水晶宫建造后栽植的。

玉溪市玉带路黄官村旁的侧柏群，树龄150年，据村民介绍，当时是河流流经之地，栽作护岸林。

红河州石屏县玉屏书院内的侧柏群，树龄300余年，树高18m，胸径49cm。

昆明市金殿景区的侧柏群，树龄 200 余年。

楚雄州大姚县妙峰山德云寺的侧柏群，树龄200余年。

楚雄州大姚县昙华寺的侧柏，树龄 150 余年。

楚雄州大姚县孔庙的侧柏群，树龄 200 余年。

大理州巍山彝族回族自治县（以下简称"巍山县"）南诏博物馆的侧柏群，树龄 200 余年。

干 香 柏

Cupressus duclouxiana Hickel

俗名： 滇柏、云南柏、干柏杉、冲天柏

科属： 柏科 柏木属

识别特征： 常绿乔木；树干端直，枝条密集，小枝不排成平面，不下垂，一年生枝四棱形。鳞叶密生，长约1.5mm，蓝绿色。雄球花近球形或椭圆形，长约3mm，雄蕊6~8对，花药黄色。球果圆球形，径1.6~3cm，种鳞4~5对，顶部五角形或近方形，宽8~15mm，具不规则向四周放射的皱纹，中央平或稍凹，有短尖头，能育种鳞有多数种子，种子长3~4.5mm，两侧具窄翅。

分布： 云南中部及西北部、四川大渡河流域及西南部和甘肃白龙江流域。

古树资源： 干香柏古树在云南古树中株数较多，有1433株，见云南省干香柏古树分布图。这些古树以单株或古树群存在，普遍长势良好。其中，国家一级保护古树42株，二级保护古树75株，三级保护古树1316株。

丽江市玉龙县白沙镇北岳庙的干香柏，树高 22m，胸径 200cm，系建寺时所种，当地俗称"唐柏"，估测树龄 1200 年，大部分枝条已经死亡，但主干仍挺拔苍翠，是云南干香柏中最古老、粗大的一株。

迪庆州维西傈僳族自治县（以下简称"维西县"）巴迪乡捧八村弄资上村民小组的干香柏，高30m，胸径190cm，树龄约450年，被村民奉为"神树"，村里的人在节日里都会去古树旁烧香祈福。

大理市挖色镇大成村崇福寺的干香柏，树龄约 400 年，树干扭曲向上，最后分成四枝，传说为明代三位名人所植，当地人称为"三合柏"。

楚雄州武定县狮山的干香柏，树高 35m。

昆明市安宁市曹溪寺树龄 200 多年的干香柏。

树说云南

丽江市玉龙县拉市镇指云寺（海拔 2447m）的干香柏，树龄约 280 年，树高 21m，胸径 136.9cm，地径 159.2cm，冠幅 168m²，长势旺盛。

丽江古城万古楼至木府山坡上的干香柏古树群，系木氏土司在元朝至明朝万历年间栽植。古柏林中，有高达 18m、胸径 162cm、树形极似东巴文"义"字的"义字柏"和高 14m、胸径 101cm、形似东巴文"学"字的"学字柏"，象征着丽江独特的纳西族文化。

树说云南

丽江市清溪小学内的干香柏群,树高 20 m,胸径 47cm,地径 58cm,树龄约 100 年,长势旺盛。

昆明六大古河之一的金汁河沿岸的干香柏古树群。

玉溪市白龙潭公园树龄 200 多年的干香柏。

楚雄州大姚县妙峰山德云寺的干香柏群，树龄 200 多年。

楚雄州大姚县昙华风景区千柏林干香柏群，树龄200多年。

大理州巍山县巍宝山的干香柏群，树龄 200 多年。

银 杏

Ginkgo biloba L.

俗名：白果、公孙树

科属：银杏科 银杏属

识别特征：落叶大乔木。枝有长枝、短枝之分。叶在长枝上互生，在短枝上簇生，扇形，叶脉二叉状，顶端常 2 裂，基部楔形，有长柄。雌雄异株，雄球花 4~6 生于短枝顶端叶腋或鳞状叶腋，柔荑花序状；雌球花数个生于短枝叶丛中，具长梗，顶端具 2 珠座。种子核果状，椭圆形，径约 2cm，熟时淡黄色或橙黄色，外被白粉，具三层种皮，外种皮肉质，中种皮骨质，内种皮膜质。

分布：银杏为中生代孑遗的稀有树种，系我国特产，仅浙江天目山有野生状态的树木；银杏的栽培区甚广：北自东北沈阳，南达广州，东起华东海拔 40~1000m 地带，西南至贵州、云南西部（腾冲）海拔 2000m 以下地带均有栽培；各地有数百年或千年以上的老树。朝鲜、日本及欧美各国庭园均有栽培。

古树资源：银杏古树在云南有 1064 株（含古树群 2 个，名木 7 株），见云南省银杏古树分布图。其中，国家一级保护古树 64 株，二级保护古树 91 株，三级保护古树 902 株，多为寺庙、风景名胜区栽植的"神树""圣树"或为移民种植于村寨及道路旁的"纪念树"等。

楚雄市紫溪山紫顶寺门前的银杏，树高 12m，胸径 125.4cm。据记载，树龄
800 多年，相传为宋代大理国高量成相国所栽，至今长势良好，树上挂有祈福条。

昆明西山太华寺的银杏树，据《明史纪事本末》和《云南备征录》等书记载，建文帝曾化作僧人流落至云南，并在昆明西山太华寺植下这株银杏树。如今，此树已有600多年树龄，高25m，胸径150cm，枝叶繁茂，树干粗壮但局部中空，树身向东倾斜，树前立有一座石碑，树枝上系满了祈求保佑平安的红布条。

昭通市镇雄县白果社区的古银杏，树龄约700年。居民们认为此树有灵性，称之为"白果大仙"，并修建了祭台，每逢农历二月十九、六月十九、九月十九举行祭拜及祈福仪式。

迪庆州德钦县奔子栏镇的银杏树，至今已有630多年的树龄，奔子栏社区是世界自然遗产"三江并流"的腹心地带，金沙江畔西岸的洪积扇上，214国道穿村而过。奔子栏自古以来就是由滇西北入藏或进入四川的咽喉之地，往西北行即可进入西藏；逆江北上，即是四川的得荣、巴塘；沿金沙江而下可至维西、大理；往东南则是香格里拉及丽江，有"茶马古道重镇"之称。传说这株银杏树是当年有位公主进藏途经奔子栏时种下的，当地人视为"神树"，保护至今。

迪庆州维西县塔城镇启别村的银杏树，相传止贡噶举为寻找转世灵童而在西藏、四川、云南植下三株银杏，最终植于云南维西县的银杏破土发芽，随后在此找到灵童，人们将这株古银杏视为"圣树"，倍加呵护，定期举行盛大的祭祀活动。

保山市腾冲市江东村的银杏古树群,是先辈自中原迁来时,在房前屋后种下家乡的树以解乡愁。目前,全村共有银杏1万多亩、3万余株,其中百年以上的古树有1000多株,每当秋季到来,整个村庄呈现出一片金黄的景象,"村在林中,林在村中",相互依托,有"银杏村"之称。

大理市大理镇西门村柏节祠的银杏，树龄约 200 年，长势好，树体大，树姿优美，受光条件良好。

丽江市玉龙县黄山街道文峰寺（海拔 2707m）的银杏，树高 23m，胸径 116cm，地径 130.6cm，树龄约 280 年，树上挂了经幡。

丽江市玉龙县拉市镇指云寺门前的银杏，树高 25m，胸径 117.8cm，地径 121cm，树龄约 270 年，树体高大，长势良好，树上挂有经幡。

急尖长苞冷杉

Abies georgei Orr var. *smithii* (Viguie et Gaussen) Cheng et L. K. Fu

俗名：乌蒙冷杉

科属：松科 冷杉属

识别特征：常绿乔木；大枝开展，一至三年生枝密被褐色或锈褐色毛；冬芽有树脂。叶排成两列，长1.5~2.5cm，先端凹缺，下面有2条白色气孔带，边缘微向下反曲，横切面有2个边生树脂道。球果卵状圆柱形，长7~9cm，径3.5~4.5cm；中部种鳞扇状四边形；苞鳞匙形或倒卵形，与种鳞近等长或稍较种鳞为长，边缘有细缺齿，先端圆而常微凹，中央有长约4mm的急尖头。种子长椭圆形，连同种翅长1.7~1.9cm。

分布：为我国特有树种，产于云南西北部、四川西南部及西藏东南部。

古树资源：急尖长苞冷杉古树在云南有500余株，昆明轿子雪山风景区，在海拔2700~4000m，具腐殖质酸性灰化土壤的高山地带组成纯林。急尖长苞冷杉保护着轿子山的生态系统，同时也被周边的居民细心呵护着，是人与自然和谐共处的典范。

昆明市轿子雪山风景区的急尖长苞冷杉古树。

云 南 松

Pinus yunnanensis Franch.

俗名： 飞松、青松、长毛松

科属： 松科 松属

识别特征： 常绿乔木。针叶3针一束，稀2针一束，常在枝上宿存三年，长10~30cm，径约1.2mm，先端尖，横切面扇状三角形或半圆形，树脂道4~5个，中生与边生并存(中生者通常角部)；叶鞘宿存。雄球花圆柱状，长约1.5cm，生于新枝下部的苞腋内，聚集成穗状。球果圆锥状卵圆形，长5~11cm，有长约5mm的短梗；中部种鳞矩圆状椭圆形，鳞盾肥厚、隆起，稀反曲，有横脊，鳞脐微凹或微隆起，有短刺；种子褐色，近卵圆形或倒卵形，连翅长1.6~1.9cm。

分布： 产于云南、贵州、四川、西藏等省份，是西南地区的乡土树种，也是该地区的荒山绿化造林先锋树种。

古树资源： 云南松古树在云南共有469株(含古树群14个)，见云南省云南松古树分布图。其中，国家一级保护古树2株，二级保护古树14株，三级保护古树453株。

玉溪市元江哈尼族彝族傣族自治县（以下简称"元江县"）因远镇安仁村南岳庙前的两株清康熙年间所植的云南松。

维西县康普乡阿尼比村的云南松，树龄近 200 年，树高 20m，胸径 80cm，长
势较好。

玉溪市九龙池树龄约 120 年的云南松，树高 15m，胸径 44cm。

玉溪市红塔区春和镇市委党校内树龄 200 多年的云南松，树高 28m，胸径
73cm，生长旺盛，高大挺拔。

杉 木
Cunninghamia lanceolata Hook.

俗名： 杉、刺杉、木头树、正木、正杉、沙树

科属： 杉科 杉木属

识别特征： 常绿乔木，高达 30m；叶在主枝上辐射伸展，侧枝之叶基部扭转成二列状，披针形或条状披针形，革质、坚硬，边缘有细缺齿，除先端及基部外两侧有窄气孔带，微具白粉或白粉不明显，沿中脉两侧各有 1 条白粉气孔带。雄球花圆锥状，通常 40 余个簇生枝顶；雌球花单生或 2~3（~4）个集生。球果卵圆形，种鳞先端三裂，腹面着生 3 粒种子；种子扁平，两侧边缘有窄翅；花期 4 月，球果 10 月下旬成熟。

分布： 杉木为我国长江流域、秦岭以南地区栽培最广的树种。栽培区北起秦岭南坡，河南桐柏山，安徽大别山，江苏句容、宜兴；南至广东信宜，广西玉林、龙津，云南广南、麻栗坡、屏边、昆明、会泽、大理；东自江苏南部，浙江，福建西部山区；西至四川大渡河流域（泸定磨西面以东地区）及西南部安宁河流域。

古树资源： 杉木古树在云南古树中株数较多，有 383 株（含古树群 11 个），见云南省杉木古树分布图。其中，国家二级保护古树 5 株，三级保护古树 378 株。

树说云南

曲靖市会泽县文庙的杉木古树群，会泽文庙始建于康熙六十年（1721年）。

红河州个旧市宝华公园烈士墓前的杉木，树龄约 150 年，树高 30m，胸径 89.2cm，树体基部分四叉，并有新萌发枝叶。四周比较空阔，受光条件较好。

树说云南

红河州个旧市宝华寺三清殿前的两株杉木。

昆明市晋宁区夕阳彝族乡的百年杉木。

树 说 云 南

曲靖市师宗县第一中学的百年杉木。

软叶杉木

Cunninghamia lanceolate 'Mollifolia'

俗名： 柔叶杉木、香杉、白塔香

科属： 杉科 杉木属

识别特征： 常绿乔木。叶在主枝上辐射伸展，侧枝之叶基部扭转成二列状，披针形或条状披针形，先端不锐尖，质地较柔软，叶两面灰绿色，具白粉，叶背具两条明显的白色气孔带。雄球花圆锥状，通常40余个簇生枝顶；雌球花单生或2~3 (~4) 个集生。球果卵圆形，种鳞先端三裂，腹面着生3粒种子；种子扁平，两侧边缘有窄翅。

分布： 产于云南及湖南。

古树资源： 软叶杉木古树在云南仅有2株，昭通、大理各1株，生长于大理银桥镇无为寺中的软叶杉木，当地人称"白塔香"，树龄950年，胸径225cm，树高37.0m，树干底部曾被火烧过，树干基部中空成洞，但至今仍生长旺盛，高大挺拔，枝如虬龙飞舞。

树说云南

大理市银桥镇无为寺中的软叶杉木。大理无为寺始建于南诏，是大理历史上的一座名声显赫、特色独具的佛教名寺、千年古刹。相传印度僧人赞陀从西方远涉前来大理，携香杉五株，敬献昭成王，昭成王亲植香杉于苍山兰峰之麓不久，破土修建无为寺，当年的"香杉"即为现在的软叶杉木。现为大理市重点保护文物，并被列入"中国稀有名贵古树"名录。

高 山 柏

Sabina squamata (Buch.-Hamilt.) Ant

俗名： 柏香、浪柏、团香、刺柏、香青、藏柏、山柏、鳞桧、陇桧、岩刺柏、大香桧

科属： 柏科　圆柏属

识别特征： 常绿灌木或呈匍匐状，或为乔木；树皮褐灰色；枝条斜伸或平展，枝皮暗褐色或微带紫色或黄色，裂成不规则薄片脱落。叶全为刺形，三叶交叉轮生，披针形或窄披针形，基部下延生长，先端具急尖或渐尖的刺状尖头，上面稍凹，具白粉带，绿色中脉不明显，或有时较明显，下面拱凸，具钝纵脊，沿脊有细槽或下部有细槽。雄球花卵圆形，长 3~4mm，雄蕊 4~7 对。球果卵圆形或近球形，成熟前绿色或黄绿色，熟后黑色或蓝黑色，稍有光泽，无白粉，内有种子 1 粒；种子卵圆形或锥状球形，长 4~8mm，径 3~7mm，上部常有明显或微明显的 2~3 钝纵脊。

分布： 产于西藏、云南、贵州、四川、甘肃南部、陕西南部、湖北西部、安徽黄山、福建及台湾等地。缅甸北部也有分布。

古树资源： 高山柏在云南古树中有 303 株（含 2 个古树群），见云南省高山柏古树分布图。其中，国家一级保护古树 1 株，二级保护古树 1 株，三级保护古树 301 株。

树说云南

昆明市东川区因民镇落雪河西王庙废址的两株高山柏：一株树龄约 530 年，
树高 21m，胸径 89cm，地径 100cm；另一株树龄约 400 年，树高 15m，胸径
65cm，地径 72cm，长势旺盛。此处还有树龄 300 年的两个古树群，其中一群
在路对面的山上。此地海拔 3200m。

柏 木

Cupressus funebris Endl

俗名: 垂丝柏、密密柏、柏树、柏香树、柏木树、扫帚柏、黄柏、香扁柏

科属: 柏科 柏木属

识别特征: 常绿乔木; 树皮淡褐灰色, 裂成窄长条片; 小枝细长下垂, 生鳞叶的小枝扁, 排成一平面, 两面同形。鳞叶二型, 长 1~1.5mm, 先端锐尖, 中央之叶的背部有条状腺点, 两侧的叶对折, 背部有棱脊。雄球花椭圆形或卵圆形, 长 2.5~3mm, 雄蕊通常 6 对; 雌球花长 3~6mm, 近球形。球果圆球形, 径 8~12mm, 熟时暗褐色; 种鳞 4 对, 顶端为不规则五角形或方形, 能育种鳞有 5~6 粒种子。

分布: 产于浙江、福建、江西、湖南、湖北、四川、贵州、广东、云南等省份。

古树资源: 柏木古树在云南古树中株数较多, 有 280 株, 见云南省柏木古树分布图, 多分布于风景名胜区及寺庙中, 普遍长势良好。其中, 国家一级保护古树 7 株, 二级保护古树 6 株, 三级保护古树 267 株。

　　昆明市黑龙潭公园的柏木，因其植于宋靖康元年（公元 1126 年），故称之为"宋柏"，如今树龄已近 900 年。此树虽经历风雨，但仍枝叶茂密，古根盘结，巍然屹立。清代经济特科状元云南石屏人袁嘉谷在《宋柏行》中有"风霜饱阅八百载，柏身老矣色不改。问柏何缘老不改，中坚持有性根在"的咏赞。

树说云南

昆明市嵩明一中的两株柏木：一株高 30m，胸径 1.79m，冠幅长达 14m，宽至 14m；另一株高 28m，胸径 1.43m，冠幅长达 16m，宽至 11m。相传植于五代后晋，虽历经风雨沧桑，依然蔚然深秀，密密层层，见证着嵩明县悠久的历史文化。至今已逾千年，被誉为"千年老寿星"，是云南省迄今年龄最大的古柏。

树说云南

玉溪市红塔区文庙的柏木，树龄约 520 年，树高 13m，胸径 50cm。

红河州石屏县玉屏书院门前的柏木，树龄 300 余年，树高 21m，胸径 89cm，地径 100cm。

昆明市黑龙潭公园玉皇宝殿前树龄 300 多年的柏木。

昆明市金殿公园树龄 200 多年的柏木。

圆 柏

Sabina chinensis (Linn.)Ant.

俗名： 桧柏、塔柏、红心柏、珍珠柏

科属： 柏科　圆柏属

识别特征： 常绿乔木，高达 20m。幼树的枝条通常斜上伸展，形成尖塔形树冠，老则下部大枝平展，形成广圆形的树冠；小枝通常直或稍成弧状弯曲，生鳞叶的小枝近圆柱形或近四棱形，径 1~1.2mm。叶二型，刺叶生于幼树之上，老龄树则全为鳞叶，壮龄树兼有刺叶与鳞叶；鳞叶交互对生；刺叶三叶交互轮生，长 6~12mm，上面微凹，有两条白粉带。雌雄异株，稀同株，雄球花黄色，椭圆形，长 2.5~3.5mm。球果近圆球形，径 6~8mm；种子卵圆形。

分布： 产内蒙古乌拉山、河北、山西、山东、江苏、浙江、福建、安徽、江西、河南、陕西南部、甘肃南部、四川、湖北西部、湖南、贵州、广东、广西北部及云南等地。西藏有栽培。朝鲜、日本也有分布。

古树资源： 圆柏古树在云南古树中株数较多，有 196 株，见云南省圆柏古树分布图。其中，国家一级保护古树 2 株，二级保护古树 7 株，三级保护古树 187 株。

红河州个旧市宝华寺三清殿前的圆柏，与四周建筑物有 4～5m 距离，受光条件较好，长势较旺盛。

丽江市狮子山公园嵌雪楼院内的圆柏，树干自基部分成两叉，胸径分别为
17.1cm 和 19.5cm，树高 12m，树龄 200 多年。

大理州巍山县巍宝山文昌宫的圆柏，树龄200多年。

龙 柏

Sabina chinensis 'Kaizuca'

俗名：三仙柏

科属：柏科　圆柏属

识别特征：龙柏为圆柏的栽培品种，与圆柏的区别在于：树冠圆柱状或柱状塔形；枝条向上直展，常有扭转上升之势，小枝密、在枝端成几相等长之密簇。鳞叶排列紧密，幼嫩时淡黄绿色，后呈翠绿色；球果蓝色，微被白粉。

古树资源：龙柏古树在云南古树中有 7 株，见云南省龙柏古树名木分布图。其中，国家二级保古树 1 株、三级保护古树 6 株。

昆明市黑龙潭公园云南省道教书画院前的龙柏，高 12m，胸径 50cm，树龄约300 年。

红河州弥勒五中孔庙前平台上的两株龙柏，树干倾斜，4m 处分为两叉。

昆明世博园的龙柏。

曲靖市会泽一中（文庙旧址）的龙柏，树龄约 500 年，高 14m，地径 120cm，离地面 90cm 处分叉，是目前云南最古老的龙柏。

大理州巍山县的龙柏，树龄约 200 年，已立牌保护。

塔 柏

Sabina chinensis 'Pyramidalis'

俗名： 三仙柏

科属： 柏科　圆柏属

识别特征： 塔柏为圆柏的栽培变种，与圆柏的区别在于：枝向上直展，密生，树冠圆柱状或圆柱状尖塔形；叶多为刺形，稀间有鳞叶。

分布： 华北及长江流域各地多栽培作园林树种。

古树资源： 云南有塔柏古树 3 株，在昆明安宁市，长势良好。

昆明市安宁市曹溪寺大殿前两株 260 年的塔柏仍郁郁葱葱。

秃 杉

Taiwania flousiana Gaussen

俗名： 土杉、台湾杉、台湾松、秃杉

科属： 杉科　台湾杉属

识别特征： 常绿乔木，树冠圆锥形。大树之叶四棱状钻形，排列紧密，长 2~3(~5)mm，两侧宽 1~1.5mm，腹背宽 1~1.3mm，四面有气孔线，横切面四棱形，高宽几相等。雄球花 2~7 个簇生于小枝顶端。球果圆柱形或长椭圆形，长 1.5~2.2cm，径约 1cm；种鳞 21~39 枚，中部种鳞最大，宽倒三角形；种子长椭圆形或倒卵形，两侧边缘具翅。球果 10~11 月成熟。

分布： 产于云南、湖北、贵州等省份。

古树资源： 秃杉古树在云南古树中有 107 株（含 1 个古树群），见云南省秃杉古树分布图。其中，国家一级保护古树 5 株，二级保护古树 3 株，三级保护古树 99 株。秃杉在云南怒江流域的贡山、福贡、碧江、腾冲、龙陵和澜沧江流域的兰坪、云龙等地海拔 1700~2700m 地带是原产，故这些地方有许多古树。

保山市腾冲市小西乡大罗绮坪村观音寺的秃杉，树龄1100多年，主干下部腐朽成洞，内可容五人之多。此树曾多次遭到雷击，但树冠仍苍翠繁盛，被群众视作"神树"，在树洞内设有神龛，定期祭拜。

保山市腾冲市和顺乡的秃杉，树龄约 500 年。

临沧市临翔区博尚镇的秃杉，树高 27m，胸径 95cm，树龄 300 多年。

树说云南

怒江傈僳族自治州（以下简称"怒江州"）贡山独龙族怒族自治县独龙江乡人马驿道边的秃杉，树高达 72m，有着千年的树龄，被誉为"秃杉王"。

翠 柏

Calocedrus macrolepis Kurz

俗名： 长柄翠柏、大鳞肖楠

科属： 柏科　翠柏属

识别特征： 常绿乔木；小枝互生，两列状，生鳞叶的小枝直展、扁平，排成平面，两面异形，下面微凹。鳞叶交叉对生，成节状，小枝上下两面中央的鳞叶扁平，长 3~4mm，两侧之叶对折，瓦覆着中央之叶的侧边及下部；小枝下面之叶微被白粉或无白粉。雌雄球花分别生于不同短枝的顶端，雄球花矩圆形或卵圆形；着生雌球花及球果的小枝圆柱形或四棱形，或下部圆上部四棱形，其上着生 6~24 对交叉对生的鳞叶，鳞叶背部拱圆或具纵脊。球果矩圆形、椭圆柱形或长卵状圆柱形，种鳞 3 对，木质，扁平，仅中间一对各有 2 粒种子；种子近卵圆形或椭圆形，连翅几与中部种鳞等长。

分布： 主产云南，贵州、广西及海南有散生林，越南、缅甸也有分布。在云南玉溪、普洱、昆明、红河、楚雄、保山、文山等海拔 1000~2000m 地带，成小面积纯林或散生于林内，或为人工纯林。

古树资源： 翠柏在云南有 77 株古树，见云南省翠柏古树分布图。其中，国家一级保护古树 2 株，二级保护古树 9 株，三级保护古树 66 株。

玉溪市易门县龙泉街道蔡营社区蔡家箐，海拔 1600~1750m 的干燥疏松坡地上，有翠柏古树群 2 个，共有 53 株，长势旺盛，平均树龄约 200 年，现已成为翠柏县级森林生态自然保护区。

玉溪市元江县因远镇安仁村南岳庙的翠柏，因南诏时期效法中原崇祀"五岳"，以此地比拟南岳衡山，而称此树为"衡山古柏"，但从树龄约 380 年推断，当为后人所植。

昆明世博园树木园的翠柏是为"99昆明世博会"从安宁市禄脿街道移来的300多年古树。

云 南 榧

Torreya yunnanensis Cheng et L.K.Fu

俗名： 杉松果、云南榧树

科属： 红豆杉科　榧属

识别特征： 常绿乔木；小枝无毛。叶基部扭转，排成二列，条形或披针状条形，长 2~3.6cm，宽 3~4mm，先端渐尖，有刺状长尖头，基部宽楔形，上面光绿色，下面中脉平或下凹，每边有一条较中脉带窄或等宽的气孔带；叶柄短。雌雄异株，雄球花单生叶腋，卵圆形，具 8~12 对交叉对生的苞片，成四行排列，苞片背部具纵脊，边缘薄；雌球花成对生于叶腋，无梗，每一雌球花有两对交叉对生的苞片和 1 枚侧生的小苞片，苞片背部有纵脊，胚珠 1 枚，直立，生于珠托上。种子连同假种皮近圆球形，径约 2cm，顶端有凸起的短尖头。

分布： 云南特有树种，生于云南西北部丽江、维西、贡山、香格里拉海拔 2000~3400m 的高山地带。

古树资源： 云南榧古树在云南有 67 株，见云南省云南榧古树分布图。其中，国家一级保护古树 28 株，二级保护古树 6 株，三级保护古树 33 株。以迪庆州的维西县较多，有 62 株（含古树群 4 个）。

迪庆州维西县中路乡腊八山村的国家一级保护古树云南榧，高20m，胸径195cm，树龄约650年，当地傈僳族称之为"萨锁"。据护林员说云南榧树的"果实"可以食用，这棵树由于结果多，又在村子旁边，村民都喜欢采摘其"果实"食用，因此得以保护。

迪庆州德钦县拖顶傈僳族乡大村的云南榧，高18m，胸径167cm，树龄约500年，当地傈僳族称之为"娇碎"。

黄 杉

Pseudotsuga sinensis Dode

俗名： 狗尾树、浙皖黄杉、短片花旗松、华东黄杉

科属： 松科 黄杉属

识别特征： 常绿乔木。叶条形，排成两列，长 1.3~
3cm，宽约 2mm，先端钝圆有凹缺，基部宽楔形，上
面绿色或淡绿色，下面有 21 条白色气孔带。球果卵圆
形或椭圆状卵圆形，近中部宽，两端微窄，长 4.5~8cm，
径 3.5~4.5cm；中部种鳞近扇形或扇状斜方形，上部
宽圆，基部宽楔形，两侧有凹缺，长约 2.5cm，宽约
3cm；苞鳞露出部分向后反伸，中裂窄三角形，长约
3mm，侧裂三角状微圆，较中裂为短，边缘常有缺齿；
种子三角状卵圆形，长约 9mm，种翅较种子为长，先
端圆，种子连翅稍短于种鳞。

分布： 为我国特有树种，产于云南、四川、贵州、湖北、
湖南等省份。喜气候温暖、湿润、夏季多雨、冬春较干，
黄壤或棕色森林土地带，生于针叶树、阔叶树混交林中。

古树资源： 黄杉古树在云南有 58 株，见云南省黄杉古
树分布图。其中，国家一级保护古树 1 株，二级保护
古树 1 株，三级保护古树 56 株。

昆明市禄劝县茂山镇至租上村的黄杉，树龄 500 余年，树高 32m，胸径 2.0m，地径 2.6m，被誉为"滇中黄杉王"，村民将其奉为"神树"。在村民的精心保护下，长势旺盛，绿荫如盖，巨大的树干拔地而起，酷似一座古香古色的宝塔。现有电子身份证二维码，扫描树干上"名木古树 109 号"的身份证，就能详细了解该古树的名称、树龄、特色、保护责任人等信息。依托这棵古老的黄杉，村委会又在周边种植了百余亩黄杉，形成了颇具特色的黄杉林。

华 山 松

Pinus armandii Franch.

俗名： 五叶松、青松、果松、五须松、白松

科属： 松科　松属

识别特征： 常绿乔木；枝条平展，形成圆锥形或柱状塔形树冠。针叶 5 针一束，长 8~15cm，径 1~1.5mm，边缘具细锯齿；叶鞘早落。雄球花黄色，卵状圆柱形，长约 1.4cm。球果圆锥状长卵圆形，长 10~20cm，径 5~8cm，果梗长 2~3cm；中部种鳞近斜方状倒卵形，鳞盾近斜方形或宽三角状斜方形，鳞脐顶生；种子倒卵圆形，长 1~1.5cm，径 6~10mm，无翅或两侧及顶端具棱脊。

分布： 产于山西、河南、陕西、甘肃、四川、湖北、贵州、云南及西藏雅鲁藏布江下游海拔 1000~3300m 地带。

古树资源： 云南有华山松古树 54 株（含古树群 2 个），见云南省华山松古树分布图。其中，国家二级保护古树 3 株，三级保护古树 51 株。

迪庆州维西县叶枝镇巴丁村的华山松，树龄约 160 年，树高 30m，胸径 89.2cm。当地村民称其为"松子松"，村子里的人有病痛时都会在树前做祈祷，是他们心中的"神树"。

昆明市西山风景区的华山松，属于国家二级保护古树。

丽江市玉峰寺的华山松，属于国家三级保护古树。

迪庆州香格里拉市三坝纳西族乡哈巴村的华山松古树群，树龄约 150 年，树高
25m，该村是水源地之一，不准砍伐树木。

楚雄州紫溪山紫顶寺至原寂光寺路边的华山松古树群，树龄约 220 年，树高 25m。

楚雄州紫溪山原寂光寺的华山松，树龄约250年，树高28m，地径145cm。在离地面50cm处分为两叉，左枝胸径100cm，右枝胸径90cm。

大理州巍山县巍宝山灵官殿外树龄 200 多年的华山松古树群。

楚雄州大姚县昙华山风景区的华山松古树群，树龄约 250 年，郁郁葱葱。

黄 果 冷 杉

Abie ernestii Rehd.

俗名：柄果枞、箭炉冷杉

科属：松科　冷杉属

识别特征：乔木，大枝平展，树冠尖塔形；一年生枝淡褐黄色、黄色或黄灰色，无毛或凹槽中有疏生短柔毛，二三年生枝呈黄灰色、灰色或灰褐色；有树脂。叶在枝条上排成两列，上面之叶直立或斜上伸展，条形，长1.5~3.5cm，宽2~2.5mm，先端有凹缺，幼树之叶长达6cm，球果枝之叶长达4~7cm，先端有凹缺，叶下面有2条淡绿色或灰白色的气孔带；横切面有2个边生树脂道。雌球花紫褐黑色。球果圆柱形或卵状圆柱形，长5~10cm，径3~3.5cm，有短梗或近无梗，熟时淡褐黄色或淡褐色，稀紫褐黑色；中部种鳞宽倒三角状扇形、扇状四方形或肾状四边形，长1.7~3cm，宽2.2~3.5cm，上部宽圆较薄，边缘内曲，鳞背露出部分密生短柔毛；苞鳞短，不外露，长及种鳞的1/3~1/2；种子斜三角形，长7~9mm，种翅褐色或紫黑色。

分布：为我国特有树种，产于四川西部及北部、西藏东部，生于海拔2600~3600m，气候较温和、棕色森林土的山地及山谷地带。

古树资源：黄果冷杉古树在云南有3株，位于曲靖市会泽县驾车乡观音庙遗址。

曲靖市会泽县驾车乡观音庙遗址（海拔2600m）的黄果冷杉。其中一株树高30m，胸径1.7m，树龄约300年；另两株树高29m，胸径90cm，树龄约200年，长势良好。此观音庙建于乾隆四十六年（1781年），1967年遭毁坏，1996年村民集资重建，因该树被奉为"龙神树"，得以保存。

云南黄果冷杉

Abie ernestii Rehd. var. *salouenensis* (Borderes-Rey et Gaussen) Cheng et L. K. Fu

俗名： 澜沧冷杉

科属： 松科　冷杉属

识别特征： 云南黄果冷杉为黄果冷杉的变种，与黄果冷杉主要区别在于：云南黄果冷杉的针叶质地稍厚，通常较长，果枝之叶长达4~7cm，上面中脉凹下、较明显；球果通常较长，长达10~14cm，径达5cm，种鳞宽大，苞鳞较长。

分布： 产于云南西北部（丽江、德钦、维西、六库及澜沧江－怒江之间分水岭）及西藏东南部海拔2600~3200m地带。

古树资源： 云南黄果冷杉古树主要分布于云南迪庆州，共45株（含古树群2个），见云南省云南黄果冷杉古树分布图。其中，国家一级保护古树4株，二级保护古树9株，三级保护古树32株。

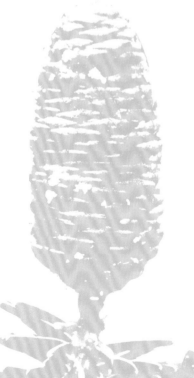

迪庆州德钦县云岭乡西当村雨崩下村村民小组的 4 株云南黄果冷杉古树群，平均树龄约 700 年，树高 30m，胸径 120cm，是目前云南最古老的云南黄果冷杉，藏民称此树为"桑申"。

迪庆州香格里拉市三坝乡白地村勋洞村的云南黄果冷杉，树龄约285年，树高30m，胸径142cm，生长在农户的田地边，被村民奉为"神树"。

迪庆州香格里拉市三坝乡哈巴村云南黄果冷杉，树龄150年，树高22m，此地为水源林。

丽江铁杉

Tsuga forrestii Downie

俗名： 棕枝

科属： 松科 铁杉属

识别特征： 常绿乔木。叶条形，排成两列，全缘，先端钝有凹缺，长 1~2.5cm，宽约 2mm，具短柄，上面光绿色，下面淡绿色，中脉隆起常有凹槽，气孔带灰白色或粉白色。球果圆锥状卵圆形或长卵圆形，长 2~4cm，径 1.5~3cm，有短梗；种鳞靠近上部边缘处微加厚，常有微隆起的弧状脊，边缘薄、微向内曲，鳞背露出部分具细条槽，光滑无毛；苞鳞倒三角状斜方形，上部边缘有不规则的细缺齿，先端二裂；种子连种翅长 0.9~1.2cm。

分布： 为我国特有树种，产于云南西北部（丽江、香格里拉），四川西南部（木里、九龙、德昌）海拔 2000~3000m 地带，多生于山谷之中，常与云南铁杉、油麦吊云杉、华山松及栎类植物组成混交林。

古树资源： 丽江铁杉古树在云南有 44 株（含古树群 2 个），见云南省丽江铁杉古树分布图。其中，国家一级保护古树 2 株，三级保护古树 42 株。

云南省迪庆州香格里拉市三坝乡哈巴村兰家村民小组农田中的丽江铁杉，树龄
约510年，树高25m，胸径2.1m，至今果实累累。兰家村是回族村落，听村
子里的老人说，兰家村祖先是从陕西搬迁至此，当时的兰家村一片是原始森林，
如今只有这棵丽江铁杉幸运地留了下来，被村民视作"神树"进行保护。

迪庆州香格里拉市三坝乡哈巴村有一丽江铁杉古树群，该村是回族村落，坐落于哈巴雪山脚下，在哈巴雪山省级自然保护区内。古树群村头水源处——龙旺箐，水是哈巴雪山的雪融地下水，是哈巴村重要的水源地之一。这里有浓密的原始森林和涓涓流淌的泉水，生态环境保护得很好，由于这里保护区内，也是社有林和水源处，因此不准砍伐树木。如果由于自然灾害的原因有树倒了，村民在每年春季会进行补种。每年的农历二月初八，哈巴村的村民会到这里野炊休闲，水源处有个烧香台，村民会在这里烧香，登山的人在上山前也会在这里烧香。

丽江市玉龙县鲁甸乡新主村后山上的丽江铁杉，树龄已达千年，被称为"铁杉王"，胸径360cm，树高37m，是丽江市范围内现存最老的古树。乡民视其为"山神树"，经常有人祭祀，树干古朴伟岸，虽历经风霜侵蚀，树冠已残，但剩余枝条依然萌发出葱郁的新枝。

丽江市玉龙县黄山街道文峰寺门前的丽江铁杉
古树群。

丽 江 云 杉

Picea likiangensis (Franch) Pritz

俗名： 丽江杉

科属： 松科　云杉属

识别特征： 常绿乔木；冬芽有树脂，芽鳞褐色，排列紧密。小枝上有显著的叶枕，叶枕下延，彼此间有凹槽，顶端凸起呈木钉状；叶生于叶枕之上，棱状条形或扁四棱形，直或微弯，长 0.6~1.5cm，宽 1~1.5mm，先端尖或钝尖，横切面菱形或微扁。球果卵状矩圆形或圆柱形，长 7~12cm，径 3.5~5cm；中部种鳞斜方状卵形或菱状卵形，长 1.5~2.6cm，宽 1~1.7cm；苞鳞短小，不露出；种子连同种翅长 0.7~1.4cm。

分布： 产于云南西北部、四川西南部；在海拔 2500~3800m，气候温暖湿润、冬季积雪，酸性山地棕色森林土高山地带，组成纯林或与其他针叶树组成混交林。

古树资源： 丽江云杉在云南古树中有 3 株，名木 38 株，见云南丽江云杉古树名木分布图。

丽江市紫荆公园内，有一片丽江云杉，是为纪念香港回归而种植的纪念林。
1996年丽江大地震，香港各界人士纷纷捐款支援丽江灾后重建。1997年6月6
日，在丽江市区建设了紫荆公园，种植了47株丽江的乡土特色树种丽江云杉。
经调查，现存38株，生长茂盛。

树说云南

丽江市玉龙县云杉坪树龄约 250 年的丽江云杉。

柳 杉

Cryptomeria fortunei Hooibrenk ex Otto et Dietr.

俗名：孔雀杉

科属：杉科 柳杉属

识别特征：常绿乔木；树皮红棕色，裂成长条片脱落；大枝近轮生，平展或斜展；小枝细长，常下垂，绿色。叶钻形略向内弯曲，先端内曲，四边有气孔线，长 1~1.5cm。雄球花单生叶腋，长椭圆形，长约 7mm，集生于小枝上部，成短穗状花序状；雌球花顶生于短枝上。球果圆球形或扁球形，径 1~2cm，多为 1.5~1.8cm；种鳞上部有 4~5 短三角形裂齿，鳞背中部或中下部有一个三角状分离的苞鳞尖头，能育的种鳞有 2 粒种子；种子褐色，近椭圆形，扁平，长 4~6.5mm，宽 2~3.5mm，边缘有窄翅。花期 4 月，球果 10 月成熟。

分布：为我国特有树种，产于浙江天目山、福建南屏及江西庐山等地海拔 1100m 以下地带，有数百年的老树。在江苏南部、浙江、安徽南部、河南、湖北、湖南、四川、贵州、云南、广西及广东等地均有栽培，生长良好。在高海拔山地具有明显的生长优势，喜欢夏季凉爽、冬无严寒，年均温较高，温度变幅不大，多雾，雨水丰沛地带。

古树资源：柳杉古树在云南共有 39 株，见云南省柳杉古树分布图。其中，国家一级保护古树 12 株，二级保护古树 11 株，三级保护古树 16 株。柳杉多栽植于寺庙，是汉传佛教的标志之一。

昆明市五华区黑林铺镇妙高寺的柳杉群，树龄约 500 年，树高 20~30m，胸径
120~140cm，地径 150~180cm。妙高寺始建于唐，元代扩建，明、清多次修缮后颇
具规模，是昆明礼佛、郊游的圣地之一。徐霞客先生曾费了一番周折，几度迷失于
深峡，只为寻找妙高寺。并留下"土人言，妙高正殿有辟尘木，故境不生尘，无从
辨也"的记述。而"辟尘木"也就是柳杉。妙高寺周围原有柳杉 200 多株，几经砍
伐，目前仅存 10 株。据妙高寺的主持隆贤法师说，妙高寺的孔雀杉——柳杉因坊
间流传可以治百病，故有人到寺内用刀削孔雀杉的树皮去煮水喝，导致数株孔雀杉
失皮而毙。

楚雄州武定县狮子山正续禅寺大雄宝殿前的柳杉。相传，建文帝曾化作僧人流落至云南，经云南镇宁将军沐晟相护，送至狮山隐居。狮山正殿前的柳杉就是建文帝亲手植下，至今已有近600年的历史，两株柳杉分立大雄宝殿的两边，名"乾坤双树"，树形巨大，树干笔直，直插云霄，虽历经沧桑，但仍生机勃勃，绿荫蔽日。

树说云南

昆明市黑龙潭公园龙泉观的两株柳杉，俗称"元杉"，有300余年树龄。

昆明市西山风景区华亭寺两株树龄 300 多年的柳杉古树。

楚雄州大姚县昙华山风景区的柳杉，树龄300余年，树上挂牌名为"秃杉"，应为柳杉。

西 藏 柏 木

Cupressus torulosa D. Don

俗名： 干柏杉、喜马拉雅柏、喜马拉雅柏木

科属： 柏科　柏木属

识别特征： 乔木；生鳞叶的枝不排成平面，圆柱形，末端的鳞叶枝细长，径约 1.2mm，微下垂或下垂，排列较疏，二三年生枝灰棕色，枝皮裂成块状薄片。鳞叶排列紧密，近斜方形，长 1.2~1.5mm。球果宽卵圆形或近球形，径 12~16mm，熟后深灰褐色；种鳞 5~6 对，顶部五角形，有放射状的条纹，中央具短尖头或近平，能育种鳞有多数种子；种子两侧具窄翅。

分布： 产于西藏东部及南部，生于石灰岩山地。印度、尼泊尔、不丹也有分布。

古树资源： 西藏柏木在云南古树中有 33 株，见云南省西藏柏木古树分布图。

树说云南

大理州巍山县城广场边的西藏柏木，树龄 100 多年。

曲靖师宗县第一中学的 30 株古树群，为国家三级保护古树。

罗 汉 松

Podocarpus macrophyllus (Thunb.) D. Don

俗名： 罗汉杉、大杉、土杉

科属： 罗汉松科 罗汉松属

识别特征： 常绿乔木。叶螺旋状着生，条状披针形，长 7~12cm，宽 7~10mm，先端尖，基部楔形，上面深绿色，有光泽，中脉显著隆起，下面带白色、灰绿色或淡绿色，中脉微隆起。雄球花穗状、腋生，常 3~5 个簇生于极短的总梗上，基部有数枚三角状苞片；雌球花单生叶腋，有梗，基部有少数苞片。种子卵圆形，熟时肉质假种皮紫黑色，有白粉，种托肉质圆柱形，红色或紫红色。

分布： 产于江苏、浙江、福建、安徽、江西、湖南、四川、云南、贵州、广西、广东等省份，栽培于庭园作观赏树。野生的树木极少。日本也有分布。

古树资源： 云南有 20 株罗汉松古树，见云南省罗汉松古树分布图。其中，国家二级保护古树 3 株，三级保护古树 17 株。

昆明市金殿风景区树龄 300 多年的罗汉松。

树 说 云南

玉溪市易门县曾所小学的罗汉松，树高 8.5m，胸径 43cm，地径 52cm，长势旺盛，
树龄约 300 年，周围有石砌花台。

红河州个旧市宝华公园宝华寺内凌霄阁前的罗汉松，树高 8m，胸径 35cm，地径 41cm，树龄约 300 年。

大理市一塔寺的罗汉松，树高 9.5m，树龄 200 多年。

昆明市盘龙区云南震庄迎宾馆树龄 100 多年的罗汉松。

雪 松

Cedrus deodara (Roxb.) G. Don

俗名： 塔松、香柏、喜马拉雅雪松

科属： 松科 雪松属

识别特征： 常绿乔木。叶在长枝上辐射伸展，短枝之叶簇生状，针形，坚硬，淡绿色或深绿色，长2.5~5cm，宽1~1.5mm，上部较宽，先端锐尖，下部渐窄，常呈三棱形，叶腹面两侧各有2~3条气孔线，背面4~6条。雄球花长卵圆形或椭圆状卵圆形，长2~3cm，径约1cm；雌球花卵圆形，长约8mm，径约5mm。球果成熟前淡绿色，卵圆形或宽椭圆形，长7~12cm，径5~9cm，顶端圆钝，有短梗；中部种鳞扇状倒三角形，长2.5~4cm，宽4~6cm，上部宽圆，边缘内曲，中部楔状，下部耳形，基部爪状；苞鳞短小；种子近三角状，种翅宽大，连同种子长2.2~3.7cm。

分布： 原产于喜马拉雅山西部自阿富汗至印度海拔1300~3300m地域；中国自1920年起引种，现在长江流域各大城市中多有栽培。

古树资源： 雪松在云南古树中有19株（含古树群2个），见云南省雪松古树分布图。皆为国家三级保护古树。

162

昆明市石林风景区名胜区的雪松古树，树龄 100 多年，高 25m，胸径 60cm。

方 枝 柏

Sabina saltuaria (Rehd. et Wils) Cheng et W. T. Wang

俗名： 木香、方枝桧、方香柏、西伯利亚方枝柏

科属： 柏科　圆柏属

识别特征： 常绿乔木；树皮灰褐色，裂成薄片状脱落；枝条平展或向上斜展，树冠尖塔形；小枝四棱形，通常稍成弧状弯曲，径 1~1.2mm。鳞叶深绿色，二回分枝之叶交叉对生，成四列排列，紧密，菱状卵形，长 1~2mm；一回分枝上三叶交叉轮生，先端急尖或渐尖，长 2~4mm；幼树之叶三叶交叉轮生，刺形，长 4.5~6mm，上部渐窄成锐尖头，上面凹下，微被白粉，下面有纵脊。雌雄同株，雄球花近圆球形，长约 2mm。球果直立或斜展，卵圆形或近圆球形，长 5~8mm，熟时黑色或蓝黑色，无白粉，有光泽，苞鳞分离部分的尖头圆；种子 1 粒，卵圆形，径 3~5mm。

分布： 为我国特有树种，产于甘肃南部洮河流域及白龙江流域、四川岷江上游、大小金川流域、大渡河流域、青衣江流域、雅龙江流域及稻城和西藏东部、云南西北部；生于海拔 2400~4300m 山地。

古树资源： 方枝柏古树在云南古树中有 17 株（含古树群 1 个），见云南省方枝柏古树分布图。主要生长于迪庆州：香格里拉 13 株、德钦 3 株、维西 1 株。其中，国家一级保护古树 1 株，国家二级保护古树 7 株，国家三级保护古树 9 株。

迪庆州香格里拉市建塘镇的方枝
柏，树龄约 340 年，被村里人奉
为"神树"，在节庆时村民会来
祭拜，为"神树"敬献哈达。

迪庆州香格里拉市北承恩寺的方枝柏，树龄约 450 年。

昆 明 柏

Sabina gaussenii Cheng et W. T. Wang

俗名： 黄尖刺柏

科属： 柏科　圆柏属

识别特征： 常绿小乔木或灌木；枝直伸或斜展，圆柱形，枝皮暗褐色，裂成薄片脱落。叶全为刺形，生于小枝下部的叶较短，交叉对生或3叶交叉轮生，近直立或上部斜展，长2~4.5mm，先端锐尖，下面常具棱脊，近基部有一斜方形或矩圆形的腺体；生于小枝上部的叶较长，3叶交叉轮生，刺形，通常斜展，长6~8mm，下面常沿中脉凹下成细纵槽。球果生于小枝的顶端，卵圆形，顶端圆或微呈叉状，长约6mm，常被白粉，熟时蓝黑色，有1~2(~3)粒种子；种子卵圆形，两端钝，或先端尖基部圆，长约5mm，上部有不明显的棱脊。

分布： 云南特有树种，产于云南昆明、玉溪、丽江、西畴等地，生于海拔1200~2000m地带。常栽培作绿篱或作庭园树。

古树资源： 昆明柏古树在云南省有16株，生于寺庙及风景名胜区，见云南省昆明柏古树分布图。其中，国家一级保护古树2株，国家二级保护古树5株，国家三级保护古树9株。

　　昆明市筇竹寺山门外的昆明柏，因树干弓弯，又称"迎客柏"。基部腐朽成空洞，现用泥土封填，并在树旁垒假山支撑。树龄约 360 年，树高 7.5m，胸径 55cm。

楚雄州武定县狮子山正续禅寺的两株昆明柏，相传为明朝建文帝亲手所植，树龄600多年，一株形似蛟龙翻腾，一株好似凤凰展翅，被称为"龙凤柏"。

昆明市黑林铺镇妙高寺的两株昆明柏，树龄 200 多年，胸径 30cm，长势较好。

树说云南

昆明市金殿风景区的 4 株昆明柏，树龄 300 多年。

楚雄州大姚县妙峰山德云寺的两株昆明柏，树龄300多年。

楚雄州大姚县昙华寺的昆明柏，树龄 300 多年。

刺 柏

Juniperus formosana Hayata

俗名： 台湾柏、刺松、矮柏木、山杉、台桧、山刺柏

科属： 柏科　刺柏属

识别特征： 常绿乔木；枝条斜展或直展，树冠塔形或圆柱形；小枝下垂，三棱形。三叶轮生，条状披针形或条状刺形，长 1.2~2cm，先端渐尖具锐尖头，上面绿色，两侧各有 1 条白色的气孔带，气孔带较绿色边带稍宽，在叶的先端汇合为 1 条，下面绿色，有光泽，具纵钝脊，横切面新月形。雄球花圆球形或椭圆形，长 4~6mm，背有纵脊。球果近球形或宽卵圆形，长 6~10mm，径 6~9mm，熟时淡红褐色，被白粉或白粉脱落，间或顶部微张开；种子半月圆形，具 3~4 棱脊，顶端尖。

分布： 为我国特有树种，分布很广，产于台湾中央山脉、江苏南部、安徽南部、浙江、福建西部、江西、湖北西部、湖南南部、陕西南部、甘肃东部、青海东北部、西藏南部、四川、贵州及云南中部、北部和西北部；其垂直分布带由东到西逐渐升高，多散生于林中。

古树资源： 刺柏在云南古树中有 14 株，见云南省刺柏古树分布图。其中，国家一级保护古树 1 株，二级保护古树 4 株，三级保护古树 9 株。

昆明安宁曹溪寺的刺柏，树龄约 300 年，树高 18m，胸径 65cm。

垂枝香柏

Sabina pingii W.C.Cheng ex Ferre

俗名： 乔桧

科属： 柏科　圆柏属

识别特征： 常绿乔木；小枝常成弧状弯曲，下垂，通常较细。三叶交叉轮生，排列密，三角状长卵形或三角状披针形，微曲或幼树之叶较直，下面之叶的先端瓦覆于上面之叶的基部，长 3~4mm，先端急尖或近渐尖，有刺状尖头。雄球花椭圆形或卵圆形，长 3~4mm。球果卵圆形或近球形，长 7~9mm，熟时黑色，有光泽，有 1 粒种子；种子卵圆形或近球形，具明显的树脂槽，顶端钝尖，基部圆，长 5~7mm。

分布： 为我国特有树种，产于四川西南部及云南西北部海拔 2600~3800m 地带。

古树资源： 垂枝香柏古树在云南古树中有 13 株，见云南省垂枝香柏古树分布图。其中，国家一级保护古树 1 株，二级保护古树 4 株，三级保护古树 8 株。

迪庆州维西县巴迪乡捧八村的垂枝香柏，高 20m，胸径 68.5cm，树龄约 160 年，被村民奉为"神树"。

云南铁杉

Tsuga dumosa (D. Don) Eichler

俗名： 云南栂、硬栂、水粟子、狗尾松、水子树、落花松、莎松

科属： 松科 铁杉属

识别特征： 常绿乔木；树皮厚，粗糙，纵裂成片状脱落；树冠浓密、尖塔形；一年生枝黄褐色、淡红褐色或淡褐色，凹槽中有毛或密被短毛，二三年生枝淡褐色、淡灰褐色或深灰色。叶条形，列成两列，长 1~2.4cm，宽 1.5~3mm，先端钝尖或钝，边缘有细锯齿或全缘，细齿通常叶缘中上部，上面光绿色，下面有 2 条白色气孔带。球果卵圆形或长卵圆形，长 1.5~3cm，径 1~2cm，熟时淡褐色；中部种鳞矩圆形、倒卵状矩圆形或长卵形，长 1~1.4cm，宽 0.7~1.2cm，上部边缘薄、微反曲，基部两侧耳状；苞鳞斜方形或近楔形，上部边缘有细缺齿，先端二裂；种子卵圆形或长卵圆形，连翅长 8~12mm。

分布： 产于西藏南部、云南（西北部、东北部及西部景东）、四川西南部、大渡河流域、岷江流域上游（汶川、理县）、青衣江流域及马边河流域，常在海拔 2300~3500m 高山地带组成单纯林，或与其他针叶树组成混交林。

古树资源： 云南铁杉在云南古树中有 12 株，见云南省铁杉古树分布图。其中，国家一级保护古树 5 株，二级保护古树 7 株。

大理州云龙县漕涧林场志奔山海拔 3200m 山顶上，有一株被誉为"铁杉王"的云南铁杉，20 世纪 60 年代被当地猎人发现，后经鉴定，树龄 1100 多年，胸径 390cm，树高 30m，是云南铁杉中最粗、最古老的一株。生长地现为"云南云龙国家森林公园"，此树受到重点保护。

楚雄州大姚县昙华风景区的云南铁杉，树龄200多年。

怒江州泸水县俄嘎通道边的云南铁杉，犹如雪山卫士，守护着中缅边境。

大 理 罗 汉 松

Podocarpus forrestii Craib et W. W. Smith

俗名：罗汉松、罗汉杉

科属：罗汉松科 罗汉松属

识别特征：乔木。叶密生或疏生，狭矩圆形或矩圆状条形，质地厚、革质，长 5~8cm，宽 9~13mm，先端钝或微圆，稀尖，基部窄，上面深绿色，中脉隆起，下面微具白粉，呈灰绿色，中脉微隆起或平，叶柄短，长约 2mm。雄球花穗状，细而短，3 个簇生，长 1.5~2cm，药隔先端长尖；雌球花单生。种子圆球形，被白粉，径 7~8mm，种托肉质，圆柱形，较细，上部略窄，长约 8mm，梗长约 1cm。

分布：为我国特有树种，产于云南大理苍山海拔 2500~3000m 地带，喜生于阴湿地方。昆明、大理、楚雄等地多庭园栽植。

古树资源：云南有大理罗汉松古树 7 株，名木 1 株，见云南省大理罗汉松古树分布图。其中，国家二级保护古树 5 株，三级保护古树 2 株。

树说云南

曲靖市陆良县公安局（原建于明嘉靖年间的东岳庙旧址）院内的大理罗汉松，
树龄约 470 年，胸径 148cm，高 12.5m。该树为建庙初期所植。

大理一中的两株大理罗汉松，高10m，是1920年定名大理罗汉松的模式树，因此，在2007年调查大理古树时，将其定为名木。

红豆杉

Taxus chinensis (Pilger) Rehd.

俗名: 观音杉、红豆树、扁柏、卷柏

科属: 红豆杉科 红豆杉属

识别特征: 常绿乔木；大枝开展，小枝不规则互生；一年生枝绿色或淡黄绿色，二三年生枝黄褐色、淡红褐色或灰褐色。叶条形，长1~3cm，宽2~4mm，螺旋状排列，直出或微镰状，质厚，上面中脉隆起，下面有2条淡黄色或淡灰绿色气孔带，中脉密生均匀乳突，与气孔带同色。雄球花单生叶腋，雄蕊8~14枚，花药4~8。种子坚果状，生于杯状肉质的假种皮中，稀生于近膜质盘状的种托（即未发育成肉质假种皮的珠托）之上，种脐明显，成熟时肉质假种皮呈红色。

分布: 为我国特有树种，产于甘肃南部、陕西南部、四川、云南东北部及东南部、贵州西部及东南部、湖北西部、湖南东北部、广西北部和安徽南部（黄山），常生于海拔1000m以上的高山上。

古树资源: 云南有红豆杉古树有8株，见云南省红豆杉古树分布图。其中，国家一级保护古树1株，二级保护古树3株，三级保护古树4株。

昭通市威信县罗布镇簸火村丁家坝海拔 1140m 的坟地上，生长着一株树龄约
800 年的红豆杉，是当地苗族敬奉的"风水树"。

树说云南

昭通市威信县高田乡树龄约 200 年的红豆杉。

云 南 红 豆 杉

Taxus yunnanensis Cheng et L.K.Fu

俗名： 西南红豆杉

科属： 红豆杉科 红豆杉属

识别特征： 常绿乔木；树皮灰褐色、灰紫色或淡紫褐色，裂成鳞状薄片脱落；大枝开展，一年生枝绿色，二年生枝淡褐色、褐色或黄褐色，三四年生枝深褐色。叶质地薄而柔，条状披针形或披针状条形，常呈弯镰状，排成两列，边缘向下反卷或反曲，先端渐尖或微急尖，基部偏歪；上面深绿色或绿色，有光泽，下面色较浅，中脉微隆起，两侧各有一条淡黄色气孔带，中脉带与气孔带上均密生均匀乳突。雄球花淡褐黄色。种子生于肉质杯状的假种皮中，卵圆形，长约 5mm，径 4mm，微扁，通常上部渐窄，两侧微有钝脊，顶端有小尖头，种脐椭圆形，成熟时假种皮红色。

分布： 产于云南西北部、西部及四川西南部与西藏东南部。不丹、缅甸北部也有分布。通常生于海拔 2000~3500m 地带，在沟边杂木林中生长普遍。

古树资源： 云南有云南红豆杉古树 7 株，见云南省云南红豆杉古树分布图。其中，国家一级保护古树 1 株，二级保护古树 3 株，三级保护古树 3 株。

保山市腾冲市小西乡大罗绮坪村观音寺的云南红豆杉，树龄 500 余年。

保山市腾冲市北海乡的云南红豆杉，树龄约 250 年。

篦齿苏铁

Cycas pectinata Buchanan-Hamilton

俗名： 龙尾苏铁、刺叶苏铁、华南苏铁

科属： 苏铁科　苏铁属

识别特征： 常绿小乔木；树干圆柱形。叶二型，集生于茎端；鳞叶小，互生于主干上；营养叶大，羽状深裂，长 1.2~1.5m，柄长 15~30cm，两侧有疏刺，羽状裂片 80~120 对，条形或披针状条形，厚革质，坚硬，裂片中脉在上面具凹槽。雌雄异株，雄球花长圆锥状圆柱形，长约 40cm，径 10~15cm；小孢子叶楔形，长 3.5~4.5cm，宽 1.2~2cm，密生褐黄色绒毛，花药 3~5（多为 4）个聚生；大孢子叶密被褐黄色绒毛，上部的顶片斜方状宽圆形或宽圆形，宽大于长或长宽几相等，宽 6~8cm，边缘有 30 余枚钻形裂片，裂片长 3~3.5cm，先端尖。种子卵圆形或椭圆状倒卵圆形，长 4.5~5cm，径 4~4.7cm，熟时暗红褐色，具光泽。

分布： 产于云南西南部，昆明有栽培，作庭园观赏树用。印度、尼泊尔、锡金、缅甸、泰国、柬埔寨、老挝、越南也有分布。生长于云南普洱、思茅、普文、勐养等地海拔 800~1300m 的疏林或灌木丛。

古树资源： 篦齿苏铁古树在云南有 3 株。

西双版纳傣族自治州（以下简称"西双版纳州"）勐腊县勐仑乡的西双版纳热带植物园里有3株篦齿苏铁古树，长势较好，树龄约200年，高达3m，被中外游人誉为"铁树王"。

矩鳞铁杉

Tsuga oblongisquamata (W. C. Cheng & L. K. Fu)
L. K. Fu & Nan Li

科属： 松科　铁杉属

识别特征： 常绿乔木；树皮暗深灰色，纵裂，成块状脱落；大枝平展，枝稍下垂，树冠塔形。小枝褐色、黄色或棕色，叶条形，排成两列，上面光绿色，下面淡绿色，中脉隆起无凹槽，边缘全缘，先端圆钝或微凹，下面中脉两侧有气孔带，灰绿色，无白粉。球果窄卵圆形或卵状圆柱形，长 2~3cm，径 1.5~2cm；种鳞排列较疏，长圆形，露出部分较多，无毛，有光泽。

分布： 为我国特有树种，产于湖北西部（巴东），四川东北部（城口）、北部（茂县、理县、汶川）、西部（康定、丹巴），及甘肃南部（舟曲）。在四川西部、北部海拔 2600~3200m 地带，常沿溪流两侧生长。

古树资源： 云南有 3 株矩鳞铁杉古树。

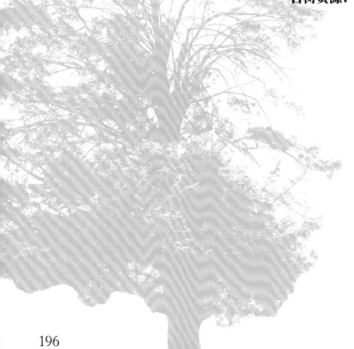

曲靖市会泽县者海镇店子村的矩鳞铁杉，其中一株树龄 400 余年，胸径 162cm，树高 30m。相传为明末移民在此建村时由外地带来栽植的"纪念树""思乡树""神树"等，村民生孩子取名后就会带上红线来祭拜，祈求孩子一生平安。

三 尖 杉

Cephalotaxus fortunei Hooker

俗名： 小叶三尖杉、头形杉、山榧树、三尖松、狗尾松、桃松、藏杉、绿背三尖杉

科属： 三尖杉科 三尖杉属

识别特征： 常绿乔木；树皮褐色或红褐色；枝条较细长，稍下垂；树冠广圆形。叶排成两列，披针状条形，长4~14cm，宽 3.5~4.5mm，上面深绿色，中脉隆起，下面气孔带白色，较绿色边带宽 3~5 倍。雄球花 8~10聚生成头状，径约 1cm，总花梗粗，基部及总花梗上部有 18~24 枚苞片；雌球花的胚珠 3~8 枚发育成种子，总梗长 1.5~2cm。种子椭圆状卵形或近圆球形，长约2.5cm，假种皮成熟时紫色或红紫色，顶端有小尖头。花期 4 月，种子 8~10 月成熟。

分布： 为我国特有树种，产于浙江、安徽南部、福建、江西、湖南、湖北、河南南部、陕西南部、甘肃南部、四川、云南、贵州、广西及广东等地。在东部各省份生于海拔 200~1000m 地带，在西南各省份分布较高，可达 2700~3000m。

古树资源： 云南有三尖杉古树 3 株，见云南省三尖杉古树分布图。

迪庆州维西县保和镇高泉村树龄约 150 年的三尖杉古树，因每年都结很多"果实"——种子，村民会采摘去卖，因而作为经济树种被保存下来。

昆明市妙高寺的两株300多年的三尖杉，胸径95cm，地径132cm，曾遭雷劈，后又复活，如今郁郁葱葱。

楚雄州紫溪山原寂光寺遗址300多年的三尖杉，胸径75cm，地径110cm，高13m。

攀枝花苏铁

Cycas panzhihuaensis L. Zhou et S. Y. Yang

俗名： 鹅公包、鹅公茶、铁树、棕苞茶

科属： 苏铁科 苏铁属

识别特征： 常绿灌木。营养叶长 0.7~1.3m，叶柄两端具短刺；羽状裂片 70~100 对，长 6~25cm，宽 4~7mm，中脉在上面微凸，下面隆起。雄球花纺锤状圆柱形，长 25~45 cm，径 8~12 cm；小孢子叶窄楔形，长 4~6cm，宽 1.8~2cm，先端具短尖；雌球花球形或半球形，紧密；大孢子叶 30 枚以上，上部宽菱状卵形，密被黄褐色绒毛，篦齿状分裂，长 15~20cm，胚珠 4~6，无毛；种子 2~4，橘红色，外种皮肉质，干时近膜质，脆易剥落，中种皮光滑。

分布： 产于四川西南部与云南北部，从攀枝花沿金沙江直到禄劝县的普渡河，断断续续均有生长。生于稀树灌丛中，适应干旱河谷的特殊生境。

古树资源： 云南有攀枝花苏铁古树 2 株，生长于昆明市盘龙区云南震庄迎宾馆。

树说云南

昆明市盘龙区云南震庄迎宾馆两株树龄近 200 年的攀枝花苏铁古树，生长旺盛。

苍 山 冷 杉

Abies delavayi Franch.

俗名： 高山枞

科属： 松科 冷杉属

识别特征： 常绿乔木，树冠尖塔形；冬芽圆球形，有树脂。叶密生，辐射伸展，或枝条下面之叶排列成两列，上面之叶斜上伸展，条形，通常微呈镰状，边缘向下反卷，长 0.8~3.2cm，宽 1.7~2.5mm，先端有凹缺，上面光绿色，下面中脉两侧各有一条粉白色气孔带。球果圆柱形或卵状圆柱形，熟时黑色，被白粉，长 6~11cm，径 3~4cm，有短梗，中部种鳞扇状四方形；苞鳞露出，先端有凸尖的长尖头，尖头长 3~5mm，通常向外反曲；种子常较种翅为长，种翅淡褐色或褐色。

分布： 为我国特有树种，产于云南西北部大理、宾川、云龙、剑川、鹤庆、碧江、香格里拉、贡山等地及西藏东南部海拔 3300~4000m 高山地带，多成纯林。

古树资源： 云南有苍山冷杉古树 2 株。

大理州宾川县鸡足山的苍山冷杉，树龄约 200 年。

川 滇 冷 杉

Abies forrestii C. C. Rogers

俗名： 毛枝冷杉、云南枞

科属： 松科 冷杉属

识别特征： 常绿乔木。叶在枝条下面排成两列，上面之叶斜上伸展，条形，直或微弯，长 1.5~4cm，宽 2~2.5mm，先端有凹缺，稀钝或尖，边缘微向下反卷，横切面有 2 个边生树脂道。球果卵状圆柱形或矩圆形，基部较宽，长 7~12cm，径 3.5~6cm，无梗；中部种鳞扇状四边形，长 1.3~2cm，宽 1.3~2.3cm；苞鳞外露，上部宽圆或稍较下部为宽，先端有急尖的尖头，尖头长 4~7mm，直伸或向后反曲；种子长约 1cm，种翅宽大楔形，包裹种子外侧的翅先端有三角状突起。

分布： 为我国特有树种，产于云南西北部、四川西南部及西藏东部海拔 2500~3400m 地带，常与苍山冷杉、怒江冷杉、长苞冷杉及急尖长苞冷杉等针叶树种混生成林，或组成纯林。

古树资源： 川滇冷杉古树在云南有 2 株，均为国家二级保护古树。

丽江市玉龙县云杉坪 300 余年的川滇冷杉。

铺 地 柏

Sabina procumbens (Endl.) Iwata et Kusaka

俗名： 偃柏、矮桧、匍地柏

科属： 柏科　圆柏属

识别特征： 常绿匍匐灌木；枝条延地面扩展，褐色，密生小枝，枝梢及小枝向上斜展。刺形叶三叶交叉轮生，条状披针形，先端渐尖成角质锐尖头，长 6~8mm，上面凹，有两条白粉气孔带，气孔带常在上部汇合，绿色中脉仅下部明显，不达叶之先端，下面凸起，蓝绿色，沿中脉有细纵槽。球果近球形，被白粉，成熟时黑色，径 8~9mm，有 2~3 粒种子；种子长约 4mm，有棱脊。

分布： 原产日本。我国青岛、庐山、昆明及华东地区各大城市引种栽培作观赏树。

古树资源： 铺地柏古树在云南有 2 株。

大理州永平县金光寺门前的铺地柏，长势良好。

小 果 垂 枝 柏

Sabina recurva (Buch.-Hamilt.) Ant var. *coxii*
(A. B. Jackson) Cheng et L. K. Fu

俗名： 香刺柏、醉柏

科属： 柏科　圆柏属

识别特征： 常绿乔木；枝梢与小枝弯曲而下垂，外貌俯垂。叶短刺形，三叶交叉轮生，长 3~6mm，宽约 1mm，上（腹）面凹，有两条绿白色气孔带，绿色中脉明显，下（背）面拱圆，中下部沿脉有细纵槽。雌雄同株，雄球花卵状长圆形或椭圆状卵圆形，长 2.5~5 mm；雌球花近球形，径约 2mm，珠鳞近顶端的分离部分三角形。球果卵圆形，长 6~8 mm，径约5mm，具 1 粒种子。

分布： 产于云南西北部海拔 2400~3800m 地带。

古树资源： 小果垂枝柏古树在云南有 2 株，生长于昆明西山风景区华亭寺，属国家二级古树。

昆明市西山风景区华亭寺的小果垂枝柏古树。

百 日 青

Podocarpus neriifolius D.Don

俗名：大叶竹柏松、白松、油松、竹柏松、璎珞柏、桃柏松、脉叶罗汉松、竹叶松

科属：罗汉松科 罗汉松属

识别特征：常绿乔木；枝条开展或斜展。叶螺旋状着生，披针形，厚革质，常微弯，长7~15cm，宽9~13mm，上部渐窄，先端有渐尖的长尖头，萌生枝上的叶稍宽、有短尖头，基部渐窄，楔形，有短柄，上面中脉隆起，下面微隆起或近平。雄球花穗状，单生或2~3个簇生，长2.5~5cm，总梗较短，基部有多数螺旋状排列的苞片。种子卵圆形，长8~16mm，顶端圆或钝，熟时肉质假种皮紫红色，种托肉质橙红色，梗长9~22mm。

分布：产于浙江、福建、台湾、江西、湖南、贵州、四川、西藏、云南、广西、广东等省份。尼泊尔、锡金、不丹、缅甸、越南、老挝、印度尼西亚、马来西亚也有分布。

古树资源：百日青古树在云南有2株，树龄约250年。

西双版纳州勐海县勐海乡曼真村海拔 1200m 处的百日青古树，树高 24m，胸径 96cm，是我国该树种中最大的一株。

鸡 毛 松

Podocarpus imbricatus Bl.

俗名： 假柏木、流鼻松、竹叶松、茂松、白松、黄松、异叶罗汉松、爪哇松、岭南罗汉松、爪哇罗汉松

科属： 罗汉松科　鸡毛松属

识别特征： 常绿乔木；树干通直；叶二型，下延生长。老枝及果枝上叶呈鳞片状，长 2~3mm，先端内曲，有急尖的长尖头；幼树、萌生枝或小枝顶端之叶呈条形，羽状 2 列，长 6~12mm，两面有气孔线，先端微弯，有微急尖的长尖头。雌雄异株，雄球花穗状，生于小枝顶端，长约 1cm；雌球花单生或成对生于小枝顶端，通常仅 1 个发育；种子卵圆形，单生枝顶，长 5~6mm，生于肉质种托上，成熟时肉质假种皮红色。

分布： 产于云南、广东、海南、广西等省份。越南、菲律宾、印度尼西亚也有分布。

古树资源： 云南省有 2 株鸡毛松古树。

普洱市江城彝族哈尼族自治县曲水镇怒那村甲马河头的鸡毛松古树，胸经140cm，高达40m，长势好。

云 南 苏 铁

Cycas siamensis Miq.

科属： 苏铁科　苏铁属

识别特征： 树干矮小，基部膨大成盘状茎，上部逐渐细窄成圆柱形或卵状圆柱形。营养叶羽状深裂，长120~250cm，叶柄长40~100cm，两侧具刺。雄球花卵状圆柱形或矩圆形，长达30cm，径6~8cm；大孢子叶密被红褐色绒毛，成熟后渐脱落，上部的顶片卵状菱形，长4~6cm，宽3~5cm，边缘篦齿状深裂；大孢子叶下部柄状，长5~7cm，在其中部或中上部两侧着生2~4枚胚珠，胚珠无毛。种子卵圆形或宽倒卵圆形，熟时黄褐色或浅褐色，种皮硬质，平滑，有光泽，长2~3cm，径1.8~2.5cm。

分布： 产于云南西南部思茅、景洪、澜沧、潞西等地区，常生于季雨林林下；广西、广东有栽培。缅甸、泰国、越南也有分布。

古树资源： 云南苏铁古树在云南仅有1株。

玉溪市新平彝族傣族自治县（以下简称"新平县"）陇西世族土司府中有一株
100 多年的云南苏铁古树。

矩鳞油杉

Keteleeria oblonga Cheng et L. K. Fu

科属： 松科 油杉属

识别特征： 常绿乔木，新生小枝有密毛，毛脱落后枝上有较密的乳头状突起点，乳头状突起点干后常呈黑色，一二年生枝干后呈红褐色、褐色或暗红褐色。叶条形，在侧枝上排列成两列，长 2~3cm，宽 2~3mm，先端钝，上面深绿色，无气孔线，下面浅绿色，中脉两侧各有 15~25 条气孔线，无白粉。球果圆柱形，长 15~20cm，径 4.5~5cm；中部的种鳞矩圆形或宽矩圆形，长 3.2~3.5cm，宽 2.2~2.5cm；苞鳞中部窄，宽约 2mm，先端不呈三裂，中央有凸起的窄三角状尖头；种子长约 1.2cm 加上种翅与种鳞等长。

分布： 为我国特有种，产广西西部田阳，生于海拔 380~680m 山地疏林中。

古树资源： 矩鳞油杉古树在云南仅有 1 株。

文山州富宁县归朝镇孟村龙山海拔670m处。此树高25m，胸径1.6m，树龄180年，长势良好，周围还有许多同种幼树。古树前建有祭祀台，摆放着供奉的食物，与当地村民交流得知：此树被他们奉为"龙神树"，每年农历六月初六，全村人一起带上贡物来此祭拜，保佑全村寨所有人五谷丰登、人财丁旺、六畜兴旺、消灾免难等。

高 山 松

Pinus densata Mast.

俗名： 西康赤松、西康油松

科属： 松科 松属

识别特征： 常绿乔木；树干下部树皮暗灰褐色，深裂成厚块片，上部树皮红色，裂成薄片脱落。针叶2针一束，稀3针一束或2针3针并存，粗硬，长6~15cm，径1.2~1.5mm，微扭曲；横切面半圆形或扇状三角形，树脂道3~7（~10）个，边生。球果卵圆形，长5~6cm，径约4cm；中部种鳞卵状矩圆形，鳞盾肥厚隆起，鳞脐背生，具刺状尖头；种子连种翅长2cm。

分布： 为我国西部高山地区的特有树种，产于四川西部、青海南部、西藏东部及云南西北部高山地区。其垂直分布较云南松为高，在森林的下段（即海拔3000m以下）往往与云南松、华山松混生。为喜光、深根性树种，能生于干旱瘠薄的环境。

古树资源： 高山松古树在云南仅有1株。

附：据《云南名木古树》记载，迪庆州香格里拉市大宝寺有一株高山松，经调查已枯死。

迪庆州德钦县奔子栏镇玉杰村的高山松，高25m，胸径95cm，树龄约320年，长势良好。该村大多为藏族，藏民称此树"中杂朋"，在村规民约中规定不准砍伐树木，所以生态环境也保护得很好，玉杰村在迪庆州是一个远近闻名的文明村。

水 松

Glyptostrobus pensilis (Staunt.) Koch

俗名： 水石松、水莲松

科属： 杉科 水松属

识别特征： 半常绿乔木，生于湿生环境者，树干基部膨大成柱槽状，并且有伸出土面或水面的吸收根，树干有扭纹；枝条稀疏，大枝近平展，上部枝条斜伸；短枝从二年生枝的顶芽或多年生枝的腋芽伸出，长 8~18cm，冬季脱落；主枝则从多年生及二年生的顶芽伸出，冬季不脱落。叶多型：鳞形叶螺旋状着生于多年生或当年生的主枝上，冬季不脱落；条形叶两侧扁平，常排成二列；条状钻形叶两侧扁，辐射伸展或排成三列状；条形叶及条状钻形叶均于冬季连同侧生短枝一同脱落。球果倒卵圆形，长 2~2.5cm，径 1.3~1.5cm；种鳞木质，扁平，中部的倒卵形，基部楔形，先端圆，鳞背近边缘处有 6~10 个微向外反的三角状尖齿；苞鳞与种鳞几全部合生，仅先端分离，三角状，向外反曲，种鳞背面的中部或中上部；种子椭圆形，长 5~7mm，下端有长翅，翅长 4~7mm。

分布： 为我国特有树种，主要分布在广州珠江三角洲和福建中部及闽江下游海拔 1000m 以下地区。广东东部及西部、福建西部及北部、江西东部、四川东南部、广西及云南东南部也有零星分布。

古树资源： 云南仅在文山州富宁县者桑乡百恩村有 1 株水松。

文山州富宁县者桑乡百恩村的水松已有500多年，树高32m，胸径140cm，冠幅8m。水松是中国特有的单种属植物，为古老的残存物种，是国家一级保护植物，对研究杉科植物的系统发育、古植物学及第四纪冰期气候等都有较重要的科学价值，相关部门已对其进行挂牌重点保护，并繁殖了植株。

短叶罗汉松

Podocarpus macrophyllus var. *maki* Sieb. et Zucc.

俗名： 短叶土杉、小叶罗汉松、小罗汉松

科属： 罗汉松科 罗汉松属

识别特征： 常绿小乔木或成灌木状；枝条向上斜展。叶短而密生，长 2.5~7cm，宽 3~7mm，先端钝或圆；上面深绿色，有光泽，中脉显著隆起，下面带白色、灰绿色或淡绿色。雄球花穗状、腋生，常 3~5 个簇生于极短的总梗上；雌球花单生叶腋，有梗，基部有少数苞片。种子卵圆形，径约 1cm，先端圆，熟时肉质假种皮紫黑色，有白粉；种托肉质圆柱形，红色或紫红色，柄长 1~1.5cm。

分布： 原产日本。我国江苏、浙江、福建、江西、湖南、湖北、陕西、四川、云南、贵州、广西、广东等省份均有栽培。

古树资源： 短叶罗汉松在云南仅有 1 株。

红河州建水县文庙先师殿前的短叶罗汉松，树龄约 330 年，树高 7m，胸径 75.5cm，树干离地面 1m 处有 10cm×30cm 树洞，深约 30cm。侧枝曾被砍去。

篦子三尖杉

Cephalotaxus oliveri Mast.

俗名：阿里杉、梳叶圆头杉、花枝杉

科属：三尖杉科　三尖杉属

识别特征：常绿灌木；树皮灰褐色。叶条形，质硬，平展成两列，排列紧密，通常中部以上向上方微弯，长 1.5~3.2cm，宽 3~4.5mm，基部截形或微呈心形，几无柄，先端凸尖或微凸尖，上面深绿色，中脉微明显或中下部明显，下面气孔带白色。雄球花 6~7聚生成头状花序，径约 9mm，总梗长约 4mm，基部及总梗上部有 10 余枚苞片；雌球花的胚珠通常 1~2枚发育成种子。种子倒卵圆形、卵圆形或近球形，长约 2.7cm，径约 1.8cm。

分布：产于广东北部、江西东部、湖南、湖北西北部、四川南部及西部、贵州、云南东南部及东北部海拔300~1800m 地带。

古树资源：篦子三尖杉古树在云南仅有 1 株。

文山州马关县蔻厂乡八寨镇小吉厂村海拔 1750m 处的篦子三尖杉，树高 20m，胸径 72cm，地径 125cm，冠幅 4m，树龄约 250 年。 树前有一古泉，当地村民们将此树奉为"龙树"，每年农历二月初二前来祭拜，祈求风调雨顺。此树长势良好，每年能正常结实，为国家二级保护树种，村民利用其种子繁殖出了许多幼苗。

水 杉

Metasequoia glyptostroboides Hu et Cheng

科属： 杉科　水杉属

识别特征： 落叶乔木；树干基部常膨大；一年生枝光滑无毛；侧生小枝排成羽状，长 4~15cm，冬季凋落。叶交叉对生，条形，长 0.8~3.5cm，宽 1~2.5mm，在侧生小枝上排成二列，羽状，冬季与枝一同脱落。球果下垂，近四棱状球形或矩圆状球形，长 1.8~2.5cm，径 1.6~2.5cm，梗长 2~4cm；种鳞木质，盾形，11~12 对，交叉对生，鳞顶扁菱形，中央有一条横槽，能育种鳞有 5~9 粒种子；种子扁平，周围有翅。

分布： 水杉这一古老稀有的珍贵树种为我国特产，仅分布于四川石柱县及湖北利川县磨刀溪、水杉坝一带及湖南西北部龙山及桑植等地。

古树资源： 昆明植物园有 1 株水杉名木。

昆明植物园的水杉名木为我国植物学家蔡希陶先生从湖北利川县的水杉坝引种并手植。1981 年 3 月 9 日，蔡希陶先生逝世，遵照他的意愿，人们将其部分骨灰埋在此树下。

蓑 衣 油 杉

Keteleeria evelyniana Mast. var. *pendula* Hsueh

俗名： 蓑衣龙树

科属： 松科 油杉属

识别特征： 常绿乔木；枝条悬垂。叶条形，在侧枝上排成两列，长 2~6.5cm，宽 2~3（~3.5）mm，中脉在叶面隆起。雄球花簇生枝顶或叶腋；雌球花单生侧枝顶端。球果圆柱形，直立，长 9~22cm，径 4~6.5cm；种鳞先端显著外翻，背面具锈色微毛；苞鳞先端呈不明显的三裂，中裂明显，侧裂近圆形；种子具膜质阔翅，种翅中上部较宽，与种鳞近等长。

分布： 仅分布于云南省华宁县。

古树资源： 蓑衣油杉为云南特有树种，共 11 株古树。

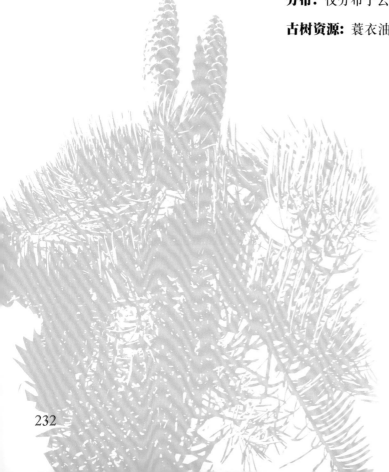

玉溪市华宁县平地村后山的蓑衣油杉，树龄约 200 年，高 12~16m, 胸径 35~50cm。1982 年在此地发现，因其树干弯曲或分叉，侧枝柔软下垂，犹如垂柳一样悬垂至地面，远望犹如农夫的"蓑衣"，当地群众称"蓑衣龙树"。现此村仅存 5 株，其余分散在华宁县泉乡广场及公园，并繁殖有幼树。

旱地油杉

Keteleeria xerophila J. R. Xue et S. H. Huo

俗名：杉老树

科属：松科　油杉属

识别特征：常绿乔木；冬芽卵圆形或近球形。叶线形，长 3~8cm，宽 2~3mm，直伸或微弯，先端急尖，上面中脉两侧各具 2~4（~6）条连续或间断的白色气孔线，下面气孔线明显，每侧 10~20 条。球果圆柱形，长 7~11cm；中部种鳞斜方状圆形，长宽均为 2~2.4cm，鳞背拱凸，外露部分光滑，先端边缘外曲，具细锯齿；苞鳞带状，长约为种鳞的一半，中上部微收缩，先端三裂明显或不明显，中裂窄长；种子连翅与种鳞几等长，种翅中部或中下部较宽，与种子约等长。

分布：云南特有树种，主要分布于云南元江上游海拔 800~1100m 的干热河谷地带，仅在新平县水塘有成片分布，而者竜和老厂两处仅有少量散生植株。

古树资源：旱地油杉古树在云南有 200 株，胸径最大的 57cm，最小的 38cm，平均 43.4cm。

旱地油杉是云南特有树种，仅见于玉溪市新平县哀牢山东麓的元江河谷地区。为了完善其管理保护措施，新平县林业和草原局在水塘乡水塘村建立了旱地油杉社区共管保护小区，总面积900亩。每年6月24，当地傣族、苗族等少数民族会来保护小区内对旱地油杉祭拜。

五 针 白 皮 松
Pinus squamata X.W.Li

俗名： 巧家五针松

科属： 松科 松属

识别特征： 常绿乔木。侧枝平展，树冠呈柱状塔形。针叶 5 针 1 束，长 8~15cm，径 0.7~1.5mm，边缘有细齿。1 年生的嫩叶有黄褐色叶鞘，翌年裂成五瓣脱落。球果呈卵圆或圆锥状卵圆形，长 6~8cm，径 4~6cm；鳞脐背生，凹陷无刺或兼有极短的直刺，鳞盾微肥厚隆起呈菱形，横脊明显；种子扁卵形，连翅长 1.6~2.1cm。

分布： 云南东北部特有种，生长于昭通巧家县，是松科松属的古老孑遗植物。

古树资源： 五针白皮松是 1992 年在云南省巧家县新华镇和中寨乡境内海拔 2000~2200m 的山坳中发现的一个濒危孑遗种，现存 34 株，视为"名木"。

自五针白皮松被发现以来，巧家县政府、云南药山国家级自然保护区、西南林业大学、中国科学院昆明植物研究所等单位实施多个保护项目，共同对其进行了科学研究和抢救性保护。经过多年的努力，目前巧家五针松野生个体已经全部编号，并进行了单株GPS定位，实现生长发育情况和植被群落长期监测，同时，人工繁育出幼苗5000余株。

参考文献

邓莉兰，李正平，冯正清，2006. 石林风景名胜区古树名木 [M]. 昆明：云南科技出版社.

邓莉兰，张存正，2014. 丽江古树 [M]. 北京：科学出版社.

邓莉兰，赵东明，2007. 玉溪中心城区及周边乡镇古树 [M]. 昆明：云南科技出版社.

高正文，孙航，2017. 云南省生物物种名录（2016 版）[M]. 昆明：云南科技出版社.

会泽县志编纂委员，2008. 会泽县志 (1986—2000)[M]. 昆明：云南人民出版社.

马骏，2013. 昆明古树名木 [M]. 昆明：云南大学出版社.

云南省地方志编纂委员会，1997. 云南省志·地名志 [M]. 昆明：云南人民出版社.

云南省迪庆藏族自治州林业和草原局，2019. 迪庆古树 [M]. 昆明：云南科技出版社.

云南省林业厅，云南省林学会，1995. 云南古树名木 [M]. 德宏傣族景颇族自治州：德宏民族出版社.

曾觉民，2021. 云南松杉类植物的种质资源研究 [J]. 西南林业大学学报（自然科学），41(04): 1-10, 197.

中共腾冲市委党史地方志办公室，2020. 腾冲县志 (1978—2005)[M]. 北京：方志出版社.

中国科学院昆明植物研究所，1986. 云南植物志（第四卷）[M]. 北京：科学出版社.

中国科学院中国植物志编辑委员会，1978. 中国植物志（第七卷）[M]. 北京：科学出版社.

中国林学会，南京林业大学，国家林业局造林绿化管理司，2017. 古树名木普查技术规范：LY/T 2738—2016 [S]. 北京：中国标准出版社.